AFRIQUE OCCIDENTALE

# CATALOGUE GÉOGRAPHIQUE

DES

# OISEAUX

RECUEILLIS PAR

## MM. A. MARCHE et Mⁱˢ DE COMPIÈGNE

DANS LEUR VOYAGE

COMPRENANT LES PAYS SUIVANTS

SÉNÉGAL, GAMBIE, CAZAMANCE, SIERRA-LEONE
BONNY, VIEUX-CALABAR, CAP LAGOS, FERNANDO-PO
PRINCIPE, GABON
FERNAND-VAZ ET RIVIÈRE OGOOUÉ

Pendant les années 1872-1874

PAR

# A. BOUVIER

—

PARIS

CHEZ L'AUTEUR

55, QUAI DES GRANDS-AUGUSTINS, 55

1875

# AFRIQUE OCCIDENTALE

# CATALOGUE GÉOGRAPHIQUE

### DES

 # ROISEAUX

RECUEILLIS PAR

MM. A. MARCHE ET Mⁱˢ DE COMPIÈGNE

## DANS LEUR VOYAGE

COMPRENANT LES PAYS SUIVANTS

**SÉNÉGAL, GAMBIE, CAZAMANCE, SIERRA-LEONE
BONNY, VIEUX-CALABAR, CAP LAGOS, FERNANDO PO
PRINCIPE, GABON
FERNAND-VAZ ET RIVIÈRE OGOOUÉ**

Pendant les années 1872-1874

PAR

# A. BOUVIER

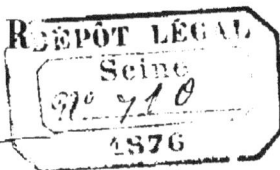
# PARIS

## CHEZ L'AUTEUR

55, QUAI DES GRANDS-AUGUSTINS, 55

# 1875

*Je dois ici remercier tout particulièrement Monsieur* R. BOWDLER **Sharpe** *de l'obligeance avec laquelle il a bien voulu m'aider dans la détermination d'un certain nombre d'espèces douteuses, et de son bienveillant empressement à me dédier la seule espèce nouvelle des* Striges *provenant du voyage.*

Je dois ici remercier tout particulièrement Monsieur R. Bowdler **Sharpe** de l'obligeance avec laquelle il a bien voulu m'aider dans la détermination d'un certain nombre d'espèces douteuses, et de son bienveillant empressement à me dédier la seule espèce nouvelle des Striges provenant du voyage.

# AFRICA OCCIDENTALIS

---

# AVES

~~~~~~~~~~

## ACCIPITRES

S.-ordre. *FALCONES*.

Fam. VULTURIDÆ.

S.-fam. *VULTURINÆ*.

Pseudogyps Africanus. *Salvad.*

Dakar (Sénégal).

Otogyps auricularis. *Daud.*

Presqu'île du Cap-Vert.

Lophogyps occipitalis. *Burch.*

Fernand-Vaz.

S.-fam. *NEOPHRONINÆ*.

Neophron pileatus. *Burch.*

Ruffisque (Sénégal), Sierra-Leone.

Fam. **FALCONIDÆ.**

S.-fam. *ACCIPITRINÆ.*

**Polyboroïdes typicus.** *Smith.*

Gabon.

**Circus macrurus.** *Gm.*

Ruffisque (Sénégal.)

**Melierax polyzonus.** *Rüpp.*

Daranka (Gambie).

**Astur macroscelides.** *Hartl.*

Confluent de l'Ogooué.

— **sphenurus.** *Rüpp.*

Rivière de Malacorée.

**Accipiter Hartlaubi.** *Verr.*

Gabon.

S.-fam. *AQUILINÆ.*

**Lophoaëtus occipitalis.** *Daud.*

Confluent de l'Ogooué.

**Asturinula monogrammica.** *Temm.*

Bathurst (Gambie), Sédhiou (Cazamance).

**Haliaëtus vocifer.** *Daud.*

Confluent de l'Ogooué, Haut-Ogooué, lac Onangué.

**Gypohierax Angolensis.** *Gm.*

Confluent de l'Ogooué, Fernand-Vaz.

**Nauclerus Riocouri.** *Vieill.*

M'baô, Hann (Sénégal).

**Milvus Ægyptius.** *Gm.*

Dakar, Ruffisque.

Milvus niger. *Briss*.

Presqu'île du Cap-Vert.

S.-fam. *FALCONINÆ*.

Baza cuculoïdes. *Swains*.

Gabon.

Cerchneis tinnuncula. *Linn*.

Presqu'île du Cap-Vert, Hann.

— tinnunculoïdes. *Temm*.

M'baô, Hann.

## S.-ordre. *PANDIONES*.

### Fam. PANDIONIDÆ.

S.-fam. *PANDIONINÆ*.

Pandion haliaëtus. *Linn*.

Ile de Gorée (Sénégal.)

## S.-ordre. *STRIGES*.

### Fam. STRIGIDÆ.

S.-fam. *SURNINÆ*.

Microglaux perlata. *Vieill*.

Sainte-Marie de Bathurst.

S.-fam. *BUBONINÆ*.

Nyctaëtus fasciolatus. *Temm*.

Bonny (Golfe de Guinée).

Nisuella gracilis. *Less*.

Sierra-Leone.

Scotopelia Peli. *Temm.*

Lac Onangué (Gabon).

— Bouvieri. *Sharpe.*

Haut Ogooué.

Scops capensis. *Smith.*

Marigot de M'baô.

Ptilopsis leucotis. *Temm.*

Daranka (Gambie).

S.-fam. *SYRNINÆ.*

Syrnium Woodfordi. *Smith.*

Gabon.

S.-fam. *STRIGINÆ.*

Strix Africana. *Bp.*

Ruffisque (Sénégal).

---

# PASSERES

## S.-ordre. *FISSIROSTRES.*

### Fam. CAPRIMULGIDÆ.

S.-fam. *CAPRIMULGINÆ.*

Caprimulgus fulviventris. *Hartl.*

Gabon, Ogooué.

Scortornis longicaudus. *Steph.*

Presqu'île du Cap-Vert, Fernand-Vaz.

Macrodipteryx longipennis. *Shaw*.

Diatacunda (Cazamance).

### Fam. CYPSELIDÆ.

#### S.-fam. *CYPSELINÆ*.

Cypselus affinis. *Gray*.

Bathurst (Gambie).

Cypsiurus parvus. *Licht*.

Bonny (Golfe de Guinée).

#### S.-fam. *CHÆTURINÆ*.

Chætura Sabinei: *Gray*.

Fernando-Po.

### Fam. HIRUNDINIDÆ.

#### S.-fam. *HIRUNDININÆ*

Hirundo rustica. *Linn*.

M'baô, Ruffisque, Almadis.

— lucida. *Verr*. et *Hartl*.

Bathurst (Gambie).

Cecropis Senegalensis. *Linn*.

Joal (Sénégal), Sédhiou.

Psalidoprogne melbina. *Verr*.

Confluent de l'Ogooué.

### Fam. CORACIADÆ.

#### S.-fam. *CORACIANÆ*.

Coracias pilosa. *Lath*.

Daranka (Gambie).

Coraciura cyanogastra. *Cuv.*

Hann, Ruffisque.

— Abyssinia. *Bodd.*

Dakar, pointe du cap Vert, Deine.

Cornopio gularis. *Vieill.*

Ponte (Sénégal).

— afer. *Lath.*

Daranka (Gambie), Sierra-Leone,
Vieux-Calabar, Gabon.


Fam. ALCEDINIDÆ.

S.-fam. *DACELONINÆ.*

Halcyon Senegalensis. *Linn.*

M'baô, Ruffisque, Diatacunda, Sierra-Leone,
riv. Malacorée, Gabon, confluent Ogooué.

— cinereifrons. *Vieill.*

Sierra-Leone, Bonny, Gabon.

— malimbica. *Shaw.*

Confluent Ogooué.

— semicerulea. *Forsk.*

Sierra-Leone.

— badia. *Verr.*

Gabon.

— dryas. *Hartl.*

Hann (Sénégal).

— cyanoleuca. *Vieill.*

Ruffisque, Sierra-Leone.

Chelicutia chelicuti. *Reich.*

Sénégal.

S.- fam. *ALCEDININÆ.*

### Alcedo quadribrachys. *Bp.*

Gabon, confluent de l'Ogooué, Fernand-Vaz.

— semitorquata. *Sw.*

Gabon.

### Corythornis cristata. *Linn.*

Hann, Sierra-Leone, Gabon, Fernand-Vaz.

— leucogaster. *Gray.*

Gabon, confluent de l'Ogooué.

### Ispidina picta. *Bodd.*

Vieux-Calabar, Gabon.

— coronata. *Smith.*

Sierra-Leone.

### Ceryle rudis. *Linn.*

Ruffisque, M'baô, Bathurst, confl. de l'Ogooué.

— maxima. *Pall.*

Fernand-Vaz.

— Sharpei. *Gould.*

Confluent de l'Ogooué.


Fam. MEROPIDÆ.

S.- fam. *NYCTIORNITHINÆ.*

### Meropiscus gularis. *Shaw.*

Confluent de l'Ogooué.


S.- fam. *MEROPINÆ*

### Merops apiaster. *Linn.*

Sénégal.

— Savignyi. *Sw.*

Sédhiou (Cazamance).

Merops albicollis. *Vieill.*

Sierra-Leone, Gabon.

— Nubicus. *Gm.*

Daranka.

— Malimbicus. *Shaw.*

Gabon, confluent de l'Ogooué.

— Angolensis. *Gm.*

Gabon.

— hirundinaceus. *Vieill.*

M'baô, Hann.

Melittophagus pusillus. *Müll.*

Dakar, Hann, Ruffisque.

— collaris. *Vieill.*

Daranka.

— Bullocki. *Vieill.*

Zinghinchor (Cazamance).

S.- ordre. *TENUIROSTRES.*

Fam. UPUPIDÆ.

S.- fam. *UPUPINÆ.*

Upupa Senegalensis. *Sw.*

Ponte (Sénégal).

S.-fam. *IRRISORINÆ.*

Irrisor Senegalensis. *Lath.*

Ruffisque, Joal (Sénégal).

— aterrimus. *Steph.*

Déine (Sénégal).

## Fam. PROMEROPIDÆ.

S - fam *NECTARININÆ.*

Nectarinia splendida. *Shaw.*
>   Ruffisque, M'baô, Daranka, Sierra-Leone.

—      Jardinei. *Verr.*
>   Gabon.

—      Johannæ. *Verr.*
>   Gabon.

—      amethystina. *Shaw.*


—      Senegalensis. *Linn.*
>   Hann, Daranka, Sédhiou.

—      Angolensis. *Less.*
>   Confluent de l'Ogooué.

—      venusta. *Shaw.*
>   Dakar, Hann, Joal, Sierra-Leone.

—      superba. *Vieill.*
>   Cap Vert, Gabon, confluent de l'Ogooué.

—      subcollaris. *Reich.*
>   Confluent de l'Ogooué.

—      chloropygia. *Jard.*
>   Vieux-Calabar, Gabon, Fernando-Po,
>   confluent de l'Ogooué.

—      cyanolæma. *Jard.*
>   Sierra-Leone.

—      tephrolæma. *Jard.*
>   Confluent de l'Ogooué.

—      obscura. *Jard.*
>   Confluent de l'Ogooué.

Nectarinia Reichenbachii. *Hartl.*

Gabon.

— cyanocephala. *Gm.*

Sierra-Leone, Gabon.

— affinis. *Rüpp.*

Hann.

— verticalis. *Vieill.*

Sierra-Leone.

— cuprea. *Shaw.*

Joal, Bathurst, Daranka, Gabon.

— fuliginosa. *Shaw.*

Gabon.

— pulchella. *Linn.*

Dakar, Hann, Ponte, Bathurst.
Daranka, Ruffisque.

S.-fam. *ARACHNOTERINÆ.*

Anthreptes Longuemarii. *Less.*

Ponte (Sénégal).

— aurantia. *Verr.*

Confluent de l'Ogooué.

Fam. MELIPHAGIDÆ.

S.-fam. *MELITHREPTINÆ.*

Zosterops Senegalensis. *Bp.*

Bathurst.

S.-ordre. *DENTIROSTRES.*

Fam. LUSCINIDÆ.

S.-fam. *MALURINÆ.*

Drymoica Strangeri. *Fras.*

Confluent de l'Ogooué, lac Onangué.

Drymoica superciliosa. *Sw*.

Daranka.

Cisticola schœnicola. *Bp*.

Dakar.

Melocichla mentalis. *Fras*.

Bonny.

Hylia superciliaris. *Tem*.

Gabon.

Bæocelis badiceps. *Fras*.

Confluent de l'Ogooué.

Eremomela pusilla. *Hartl*.

Bathurst.

Camaroptera brevicaudata. *Rüpp*.

Gabon.

Sylvietta microura. *Rüpp*.

Lac Onangué.

S.-fam. *CALAMODYTINÆ*.

Calamodyta arundinacea. *Linn*.

Ruffisque.

Thamnobia frontalis. *Sw*.

Daranka.

S.-fam. *SYLVIANÆ*.

Phyllopneuste Bonelli. *Vieill*.

Joal (Sénégal.)

S.-fam *SAXICOLINÆ*

Saxicola œnanthe. *Linn*.

Dakar, Bathurst.

Saxicola albicollis. *Vieill.*

Bathurst.

Pratincola rubicola. *Linn.*

Fernand-Vaz.

— rubetra. *Linn.*

M'baô.


Fam. PARIDÆ.

S.-fam. *PARINÆ.*

Parus funereus. *Verr.*

Gabon.


Fam. MOTACILLIDÆ.

S.-fam. *MOTACILLINÆ.*

Motacilla gularis. *Sw.*

Dakar.

— Vaillanti. *Cab.*

Confluent de l'Ogooué, lac Onangué.

Budytes flava. *Linn.*

Gabon.

— Rayi. *Bp.*

Dakar, Ruffisque.


S.-fam. *ANTHINÆ.*

Agrodroma campestris. *Bechst.*

Bathurst.

Pipastes plumatus. *Müll.*

Dakar.

Macronyx croceus. *Vieill.*

Fernand-Vaz.

## Fam. TURDIDÆ.

S.-fam. *TURNINÆ.*

Turdus Pelios. *Hartl.* nec *Bp.*
>>> Gabon.

— apicalis. *Licht.*
>>> Sénégal.

Monticola saxatilis. *Linn.*
>>> Bathurst.

Bessonornis albicapilla. *Vieill.*
>>> Sédhiou (Cazamance).

— verticalis. *Hartl.*
>>> Fernand-Vaz.

— Poënsis. *Strickl.*
>>> Fernando-Po.

## Fam. PYCNONOTIDÆ.

S.-fam. *PYCNONOTINÆ.*

Pycnonotus barbatus. *Desf.*
>>> Dakar, M'baô, Bathurst.

— Ashanteus. *Bp.*
>>> Bonny.

S.-fam. *PHYLLORNITHINÆ.*

Criniger tephrogenys. *Jard.* et *Selb.*
>>> Sierra-Leone.

— flavicollis. *Sw.*
>>> Joal (Sénégal).

Ixonotus guttatus. *Verr.*
>>> Confluent de l'Ogooué, haut Ogooué.

2

Bæpogon nivosus. *Temm.*

Vieux-Calabar.

Pyrrhurus leucoplurus. *Cass.*

Gabon, haut Ogooué.

Hypotrichas calurus.

Gabon.

Andropadus latirostris. *Strickl.*

Daranka.

— virens. *Cass.*

Confluent de l'Ogooué.

S.-fam. *CRATEROPODINÆ.*

Crateropus Reinwardtii. *Sw.*

Bathurst.

— platycircus. *Sw.*

Dcine (Sénégal).

Hypergerus atriceps. *Less.*

Sierra-Leone.

Fam. DICRURIDÆ.

S.-fam. *DICRURINÆ.*

Musicus coracinus. *Verr.*

— divaricatus. *Licht.*

Tièse (Sénégal).

Fam. ARTAMIDÆ.

S.-fam. *ARTAMINÆ.*

Pseudochelidon eurystomina. *Hartl.*

Lac Onangué.

## Fam. ORIOLIDÆ.

S.-fam. *ORIOLINÆ.*

**Oriolus auratus.** *Vieill.*

Zinghinchor (Cazamance).

— **larvatus.** *Licht.*

Gabon.

— **brachyrhynchus.** *Sw.*

Gabon.

## Fam. ÆGITHINIDÆ.

S.-fam. *ÆGITHININÆ.*

**Alethe castanea.** *Cass.*

Confluent de l'Ogooué.

## Fam. MUSCICAPIDÆ.

S.-fam. *MUSCICAPINÆ.*

**Muscicapa modesta.** *Hartl.*

Lac Onangué.

**Hyliota flavigaster.** *Sw.*

Bathurst.

**Artomias fuliginosa.** *Verr.*

Gabon

**Cassinia Fraseri.** *Strickl.*

Fernando-Po.

**Bias musica.** *Vieill.*

Gabon, confluent de l'Ogooué.

S.-fam. *MYIAGRINÆ.*

**Elminia longicauda.** *Sw.*

Sierra-Leone.

Platysteira cyanea. *Müll.*

Sédhiou, Sierra-Leone, Gabon.

Batis pririt. *Vieill.*

Bonny.

Dyaphorophyia leucopygialis. *Fras.*

Gabon.

Tchitrea melampyra. *Verr.*

Fernand-Vaz.

— Duchaillui. *Cass.*

Confluent de l'Ogooué, lac Onangué.

— viridis. *Müll.*

Fernand-Vaz.

— flaviventris. *Verr.*

Gabon, confluent de l'Ogooué.

— nigriceps. *Temm.*

Sierra-Leone.

S.-fam. *CAMPEPHAGINÆ.*

Campephaga nigra. *Levaill.*

Fernand-Vaz.

Fam. LANIIDÆ.

S.-fam. *LANIINÆ.*

Corvinella corvina. *Schaw.*

Presqu'île du Cap-Vert, M'baô, Daranka.

Lanius rutilans. *Temm.*

Joal.

S.-fam. *MALACONOTIDÆ.*

Fraseria ochreata. *Strickl.*

Fernand-Vaz.

Fraseria cinerascens. *Temm.*

Confluent de l'Ogooué.

Nilaus brubru. *Lath.*

Daranka, Zinghinchor.

Prionops plumatus. *Shaw.*

Deine, Ponte (Sénégal).

Chaunonotus Sabinei. *Gray.*

Gabon.

Laniarius barbarus. *Linn.*

Presqu'île du Cap-Vert, M'baô, Bathurst.

Meristes chloris. *Valenc.*

Gabon, confluent de l'Ogooué.

Malaconotus icterus. *Cuv.*

Daranka.

— hypopyrrhus. *Verr.*

Gabon.

Dryoscopus Gambensis. *Licht.*

Zinghinchor.

— leucorhynchus. *Hartl.*

Gabon, Haut-Ogooué.

— major. *Hartl.*

Fernand-Vaz.

Telophorus similis. *Smith.*

Dakar, Tièce.

— superciliosus. *Sw.*

Daranka.

Pomatorhynchus erythropterus. *Schaw.*

Bathurst.

## S.-ordre. *CONIROSTRES.*

### Fam. CORVIDÆ.

#### S.-fam. *COLLÆAITNÆ.*

**Cryptorhina afra.** *Linn.*
Hann (Sénégal), cap Sainte-Marie (Gambie).

#### S.-fam. *CORVINÆ.*

**Corvus scapulatus.** *Daud.*
Dcine, Hann, presqu'île du Cap-Vert, Ruffisque.

### Fam. STURNIDÆ.

#### S.-fam. *BUPHAGINÆ.*

**Buphaga Africana.** *Linn.*
Gabon.
—  **erythrorhyncha.** *Stanl.*
Dakar, M'baô, Deine.

#### S.-fam. *JUIDINÆ*

**Juida ænea.** *Linn.*
Dakar, Ruffisque, Hann, Deine, M'baô.

**Lamprocolius auratus.** *Linn.*
Dakar, M'baô, Ruffisque, Hann, Deine,
Daranka, Zinghinchor, Sédhiou.

—  **splendidus.** *Vieill.*
Daranka, Sédhiou.
—  **phænicopterus.** *Sw.*
Fernand-Vaz.

Lamprocolius chloropterus. *Sw*.

Sénégal.

— purpureiceps. *Verr*.

Gabon, Fernand-Vaz.

— nitens. *Linn*.

Gabon.

— ignitus. *Nordm*.

Ile du Prince.

Cinnyricinclus leucogaster. *Linn*.

Bathurst, Sierra-Leone.

Spreo pulchra. *Müll*.

Sénégal.


Fam. PLOCEIDÆ.

S.- fam. *PLOCEINÆ*.


Textor alecto. *Temm*.

Deine (Sénégal).

Hyphantornis cucullatta. *Müll*.

Dakar, cap Sainte-Marie, Bathurst.

— Grayi. *Verr*.

Gabon.

— cincta. *Cass*.

Confluent de l'Ogooué.

Sitagra luteola. *Licht*.

Bathurst, Bonny.

— personata. *Vieill*.

Bonny.

Hyphanturgus brachypterus. *Sw*.

Marigot de M'baô.

Hyphanturgus aurantius. *Vieill.*
>> Bonny, confluent de l'Ogooué.

Malimbus cristatus. *Vieill.*
>> Gabon.

— scutatus. *Cass.*
>> Fernand-Vaz.

— nitens. *Gray.*
>> Gabon.

— nigerrimus. *Vieill.*
>> Gabon, confluent de l'Ogooué.

Ploceus sanguinirostris. *Linn.*
>> Montagnes des Mamelles (Sénégal), Bathurst.

Foudia erythrops. *Hartl.*
>> Gabon.

Pyromelana Franciscana. *Isert.*
>> Bathurst.

Taha afra. *Gmel.*
>> Daranka.

Nigrita canicapila. *Strickl.*
>> Fernando-Po, confluent de l'Ogooué.

— luteifrons. *Verr.*
>> Confluent de l'Ogooué.

S.-fam. *VIDUANÆ.*

Vidua principalis. *Linn.*
>> Bathurst, Daranka, Gabon.

— paradisea. *Linn.*
>> Bathurst, Daranka.

Coliuspasser macroura. *Gmel.*
>> Fernand-Vaz.

S.-fam. *SPERMESTINÆ.*

Spermospisa guttata. *Vieill.*

Gabon.

Pyrenestes coccineus. *Cass.*

Gabon.

Estrilda astrild. *Linn.*

Bathurst, Daranka.

— cinerea. *Vieill.*

Gambie.

— atricapilla. *Verr.*

Confluent de l'Ogooué.

— melpoda. *Vieill.*

Daranka.

— Bengala. *Linn.*

Dakar, Joal, Bathurst.

— subflava. *Vieill.*

Gambie.

— rufopicta. *Fras.*

Daranka.

— minima. *Vieill.*

Dakar, Hann.

— Senegala. *Linn.*

Daranka.

— cærulescens. *Vieill.*

Bathurst.

Amadina fasciata. *Gm.*

Ruffisque.

Spermestes cucullata. *Sw.*

Joal, Bathurst, Daranka.

Euodice cantans. *Gm.*

Dakar.

Ortygospiza polyzona. *Temm.*

Dakar, Daranka.

Hypochera chalybeata. *Müll.*

Sédhiou.

— musica. *Vieill.*

Joal.

### Fam. FRINGILLIDÆ.

S.-fam. *FRINGILLINÆ.*

Passer simplex. *Sw.*

Dakar, Tièse, Ruffisque, Bathurst.

S.-fam. *PYRRHULINÆ.*

Crithagra chrysopyga. *Sw.*

Bathurst.

### Fam. ALAUDIDÆ.

S.-fam. *ALAUDINÆ.*

Megalophonus occidentalis. *Hartl.*

Gabon.

Pyrrhulauda leucotis. *Stanl.*

Daranka.

### Fam. COLIIDÆ.

S.-fam. *COLIINÆ.*

Colius castanotus. *Verr.*

Gabon.

— macrourus. *Linn.*

Joal, Daranka.

Fam. MUSOPHAGIDÆ.

S.-fam. *MUSOPHAGINÆ.*

Musophaga violacea. *Isert.*
Sédhiou.

Turacus macrorhynchus. *Fras.*
Gabon.

— persa. *Linn.*
Sierra-Leone, Ogooué.

— purpureus. *Cuv.*
Zinghinchor, Bonny.

— erythrolophus. *Vieill.*
Fernand-Vaz.

— Meriani. *Rüpp.*
Haut Ogooué, lac Onangué.

Schizorhis cristatus. *Vieill.*
Gabon, confluent de l'Ogooué, Fernand-Vaz.

— Africanus. *Lath.*
Daranka.

Fam. BUCEROTIDÆ.

S.--fam. *BUCEROTINÆ.*

Berenicornis albocristata. *Cass.*
Gabon, confluent de l'Ogooué, haut Ogooué.

Tockus erythrorhynchus. *Gm.*
Joal, Sédhiou.

— fasciatus. *Shaw.*
Gabon, confluent de l'Ogooué, haut Ogooué.

— nasutus. *Linn.*
Presqu'île du Cap-Vert, M'baô, Ruffisque,
Bathurst, Sédhiou.

Tockus camurus. *Cass.*

Gabon, cap Lopez.

Bycanistes cylindricus. *Temm.*

Haut et bas Ogooué.

— Sharpei. *Elliot.*

Haut Ogooué, lac Onangué.

Sphagolobus atratus. *Temm.*

Confluent de l'Ogooué.

---

# SCANSORES

### Fam. PSITTACIDÆ.

S.-fam. *PEZOPORINÆ.*

Paleornis docilis. *Vieill.*

Tièse, Joal, presqu'île du Cap-Vert.

S.-fam. *PSITTACINÆ.*

Psittacus erythacus. *Linn.*

Bonny, lac Onangué.

Poicephalus Senegalus. *Linn.*

Daranka, Diatacunda.

— Gulielmi. *Jard.*

Gabon.

— Rüppellii. *Gray.*

Fernand-Vaz.

Psittacula pullaria. *Linn.*

Cap Lagos, île du Prince.

— 29 —

## Fam. CAPITONIDÆ.

S.-fam. *POGONORYNCHINÆ.*

Pogonorhynchus dubius. *Gmel.*
Bathurst, Deine.

— bidentatus. *Shaw.*
Gabon.

— Vieilloti. *Leach.*
Zinghinchor.

Tricholæma hirsuta. *Sw.*
Vieux–Calabar.

S.-fam. *MEGALAIMINÆ.*

Buccanodon Duchaillui. *Cass.*
Gabon.

Barbatula subsulphurea. *Fras.*
Confluent de l'Ogooué.

Xylobucco scolopaceus. *Temm.*
Ogooué

Gymnobucco calvus. *Lafres.*
Bonny.

Trachyphonus purpuratus. *Verr.*
Gabon, confluent de l'Ogooué.

## Fam. PICIDÆ.

S.-fam. *PICINÆ.*

Dendropicus Africanus. *Gray.*
Gabon, confluent de l'Ogooué.

— minutus. *Temm.*
Sédhiou.

Mesopicus menstruus. *Scop.*

Deinc.

— goertæ. *Müll.*

Hann.

S.-fam. *GECININÆ.*

Campethera maculosa. *Valenc.*

Gabon.

— brachyrhyncha. *Sw.*

Gabon, confluent de l'Ogooué.

— Gabonensis. *Verr.*

Gabon.

— Caroli. *Malh.*

Gabon, confluent de l'Ogooué, Fernand-Vaz.

— punctata. *Cuv.*

Daranka.

Fam. CUCULIDÆ.

S.-fam. *INDICATORINÆ.*

Indicator major. *Seph.*

Bonny.

— conirostris. *Cass.*

Ogooué.

S.-fam. *PHÆNICOPHAINÆ.*

Zanclostomus aereus. *Vieill.*

Gabon.

— flavirostris. *Sw.*

Gabon, confluent de l'Ogooué, Fernand-Vaz.

S.-fam. *CENTROPODINÆ.*

Centropus Senegalensis. *Linn.*
>> Cap Vert, Hann, Bathurst, Daranka.

— Francisci. *Bp.*
>> Confluent de l'Ogooué.

— monachus. *Rüpp.*
>> Confluent de l'Ogooué.

S.-fam. *CUCULINÆ.*

Cuculus Gabonensis. *Lafres.*
>> Gabon.

Chrysococcyx smaragdineus. *Sw.*
>> Zinghinchor.

Lamprococcyx cupreus. *Bodd.*
>> Confluent de l'Ogooué, Gabon.

— Klaasi. *Shaw.*
>> Gabon.

Coccytes glandarius. *Linn.*
>> Presqu'île du Cap-Vert, Hann.

Oxylophus Jacobinus. *Bodd.*
>> Deine.

— Caffer. *Licht.*
>> Daranka.

# COLUMBÆ

Fam. COLUMBIDÆ.

S.-fam. *TRERORINÆ.*

Phalacrotreron calva. *Temm.*
Gabon.

— nudirostris.
Gabon.

— Abyssinica. *Lath.*
Diatacunda.

S.-fam. *COLUMBINÆ.*

Turturœna iriditorques. *Cass.*
Gabon.

Strictœnas Guinea. *Gray.*
Daranka.

Turtur Senegalensis. *Linn.*
Presqu'île du Cap-Vert, M'baô.

Streptopelia semitorquata. *Rüpp.*
Gabon, confluent de l'Ogooué.

— erythrophrys. *Sw.*
Presqu'île du Cap-Vert, M'baô.

— albiventris. *Gray.*
Presqu'île du Cap-Vert, M'baô, Hann.

S.-fam. *GOURINÆ.*

Chalcopelia Afra. *Linn.*
Presqu'île du Cap-Vert, M'baô, Ruffisque.

Chalcopelia puella. *Schl.*
>> Gabon, confluent de l'Ogooué.

Brehmeri. *Hartl.*
>> Gabon, confluent de l'Ogooué.

---

# GALLINÆ

### Fam. PHASIANIDÆ.
#### S.-fam. *NUMIDINÆ.*

Numida meleagris. *Linn.*
>> Daranka.

— plumifera. *Cass.*
>> Gabon.

### Fam. TETRAONIDÆ.

#### S.-fam. *PERDICINÆ.*

Ptilopachus ventralis. *Valenc.*
>> Montagne des Mamelles, Ponte.

Chætopus bicalcaratus. *Linn.*
>> Ruffisque.

Pcliperdix Lathami. *Hart.*
>> Confluent de l'Ogooué.

Coturnix communis. *Bonn.*
>> Ruffisque, presqu'île du Cap-Vert, M'baô.

---

3

# GRALLÆ

## Fam. OTIDIDÆ.

### S.-fam. *OTIDINÆ*

**Lissotris Senegalensis.** *Vieill*
Sédhiou.

## Fam. CHARADRIADÆ.

### S.-fam. *ŒDICNEMINÆ*

**OEdicnemus Senegalensis.** *Sw.*
Fernand-Vaz.

### S.-fam. *CHARADRINÆ.*

**Lobivanellus Senegallus.** *Linn.*
Dakar, M'baô.

**Hoplopterus spinosus.** *Linn.*
Dakar, M'baô.

**Xiphidiopterus albiceps.** *Fras.*
Lac Onangué, Fernand-Vaz.

**Sarciophorus tectus.** *Bodd.*
Ruffisque.

**Ægialithis zonata.** *Sw.*
Zinghinchor.

— **tricollaris.** *Vieill.*
Gabon.

**Leucopolius marginatus.** *Vieill.*
Confluent de l'Ogooué.

## Fam. GLAREOLIDÆ.

S.-fam. *GLAREOLINÆ*.

Glareola pratincola. *Linn.*

Almadis (Sénégal).

— Nordmanni. *Fischer.*

Gabon.

— cinerea. *Fras.*

Confluent de l'Ogooué.

S.-fam. *CURSORINÆ*.

Cursorius Senegalensis. *Licht.*

Dabar.

## Fam. HÆMATOPODIDÆ.

S.-fam. *HÆMATOPODINÆ*.

Hœmatopus ostralegus. *Linn.*

Almadis.

S.-fam. *CINCLINÆ*.

Cinclus interpres. *Linn.*

Cap Sainte-Marie (Gambie).

## Fam. GRUIDÆ.

S.-fam. *GRUINÆ*.

Balearica pavoniua. *Linn.*

Joal.

## Fam. ARDEIDÆ.

S.-fam. *ARDEINÆ*

Ardea cinerea. *Linn.*

Ruffisque, M'baô.

Ardea purpurea. *Linn*.

Daranka.

Herodias alba. *Linn*.

Joal.

— garzetta. *Linn*.

Dcine, Daranka.

— ardesiaca. *Wagl*.

Rivière de Malacorée.

Bubulcus ibis. *Hasselq*.

Diatacunda.

Ardeola comata. *Pall*.

Ponte.

Ardetta minuta. *Linn*.

Dakar.

Butorides atricapilla. *Afzel*.

Ruffisque, Gabon, lac Onangué.

S.-fam. *BOTAURINÆ*.

Nyctiardea nycticorax. *Linn*.

Ogooué.

S.-fam. *SCOPINÆ*.

Scopus umbretta. *Gm*.

Bonny, Fernand-Vaz.

Fam. CICONIIDÆ.

S.-fam. *CICONIINÆ*.

Ciconia nigra. *Linn*.

Bathurst.

— episcopa. *Bodd*.

Fernand-Vaz.

Mycteria Senegalensis. *Shaw*.

Sédhiou.

## Fam. PLATALEIDÆ.

### S.-fam. *PLATALEINÆ*.

Leucerodius tenuirostris. *Temm*.

Lac Onangué.

## Fam. TANTALIDÆ.

### S.-fam. *TANTALINÆ*.

Tantalus ibis. *Linn*.

Confluent de l'Ogooué, lac Onangué.

### S.-fam. *IBIDINÆ*.

Ibis falcinellus. *Linn*.

Ogooué.

Threskiornis Æthiopicus. *Lath*.

Lac Onangué.

Hagedashia hagedash. *Lath*.

Confluent de l'Ogooué, lac Onangué.

## Fam. SCOLOPACIDÆ.

### S.-fam. *SCOLOPACINÆ*.

Numenius phæopus. *Linn*.

Bonny.

### S.-fam. *TOTANINÆ*

Totanus calidris. *Linn*.

Joal.

—  fuscus. *Linn*.

Hann.

Totanus glottis. *Linn.*

Hann.

Tringoïdes hypoleucos. *Linn.*

Almadis, Gabon.

S.-fam. *RECURVIROSTINÆ*

Himantopus autumnalis. *Linn.*

Lac Onangué.

S.-fam. *TRINGINÆ.*

Auctodromas minuta. *Leils.*

Marigot de M'baô.

Tringa subarquata. *Güld.*

Hann.

Calidris arenaria. *Linn.*

Dakar, Hann.

S.-fam. *SCOLOPACINÆ.*

Gallinago scolopacina. *Rp.*

M'baô.

Rhynchæa Capensis. *Linn.*

Almadis.

S.-fam. *RALLINÆ.*

Limnocorax flavirostra. *Sw.*

Sédhiou.

Corethrura pulchra. *Gray.*

Gabon.

S.-fam. *HIMANTHORNITHINÆ*

Himanthornis hæmatopus. *Temm.*

Gabon.

Fam. GALLINULIDÆ.

S.-fam. *PORPHYRIONINÆ*.

Porphyrio Alleni. *Thomps*.

Gabon.

S.-fam. *GALLINULINÆ*.

Canirallus oculeus. *Temm*.

Gabon, Fernand-Vaz.

Fam. HELIORNITHIDÆ.

S.-fam. *HELIORNITHINÆ*.

Podica Senegalensis. *Vieill*.

Confluent de l'Ogooué.

Fam. PARRIDÆ.

S.-fam. *PARRINÆ*.

Metopodius Africanus. *Lath*.

Almadis, confluent de l'Ogooué.

---

# ANSERES

Fam. ANATIDÆ.

S.-fam. *PLECTROPTERINÆ*.

Sarkidiornis Africana. *Eyton*.

Diatacunda.

S.-fam. *ANSERINÆ*.

Nettapus auritus. *Bodd*.

Fernand-Vaz.

S.-fam. *ANATINÆ*.

Dendrocygna viduata. *Linn*.

Hann.

### Fam. PODICIPIDÆ.

S.-fam. *PODICIPINÆ*.

Podiceps cristatus. *Linn*.

Almadis.

— Capensis. *Bp.*

Gabon.

### Fam. PROCELLARIDÆ.

S.-fam. *PROCELLARINÆ*.

Puffinus major. *Fab*.

Fernand-Vaz.

Daption Capensis. *Linn*.

Gabon.

### Fam. LARIDÆ.

S.-fam. *STERCORARIINÆ*.

Stercorarius cephus. *Brünn*.

Gabon.

S.-fam. *LARINÆ*.

Larus argentatus. *Brünn*.

Dakar, Almadis.

— Hartlaubii. *Bruch*.

Bathurst.

— gelastes. *Licht*.

Dakar.

S.-fam. *STERNINÆ.*

Sterna fluviatilis. *Naum.*

Les Mamelles, conflent de l'Ogooué.

Actochelidon cantiaca. *Gm.*

Dakar, Gabon.

Thalassea caspia. *Pall.*

Ruffisque.

Pelanopus Bergii. *Licht.*

Almadis.

S.-fam. *RYNCHOPSINÆ.*

Rhynchops flavirostris. *Vieill.*

Confluent de l'Ogooué.

Fam. **PHAETONIDÆ.**

S.-fam. *PHAETONINÆ.*

Phaëton æthereus. *Linn.*

Fernand-Vaz.

Fam. **PLOTIDÆ.**

S.-fam. *PLOTINÆ.*

Plotus Levaillantii. *Licht.*

Confluent de l'Ogooué, lac Onangué.

Fam. **PELECANIDÆ.**

S.-fam. *GRACULINÆ.*

Graculus carbo. *Linn.*

Ogooué.

—    lucidus. *Licht.*

Almadis.

**Microcarbo Africanus.** *Gm.*

Ruffisque, lac Onangué.

S.-fam. *PELECANINÆ.*

**Pelecanus onocrotalus.** *Linn.*

Daranka.

— **rufescens.** *Gm.*

Confluent de l'Ogooué, lac Onangué.

PARIS. TYPOGRAPHIE DE E. PLON ET Cⁱᵉ, RUE GARANCIÈRE, 8.

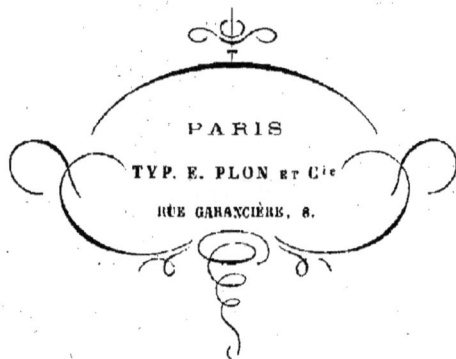

PARIS

TYP. E. PLON et C<sup>ie</sup>

RUE GARANCIÈRE, 8.